# 新编
# 儿童校园 下·册
# 安全手册

山东城市出版传媒集团·济南出版社

图书在版编目（CIP）数据

儿童校园安全手册 / 邵雪娟著. — 济南 : 济南出版社， 2019.7
ISBN 978-7-5488-3979-8

Ⅰ.①儿… Ⅱ.①邵… Ⅲ.①安全教育-儿童读物Ⅳ.①X956-49

中国版本图书馆 CIP 数据核字（2019）第 158528 号

出 版 人　崔　　刚
责任编辑　李钰欣
装帧设计　焦萍萍
插图绘制　易文琪
出版发行　济南出版社
地　　　址　山东省济南市二环南路 1 号（250002）
印　　　刷　济南龙玺印刷有限公司
版　　　次　2019 年 7 月第 1 版
印　　　次　2019 年 7 月第 1 次印刷
成品尺寸　210mm×180mm　24 开
印　　　张　7.25
字　　　数　26 千
定　　　价　55.00 元（上下册）

济南版图书，如有印装错误，请与出版社联系调换。电话：0531—86131736

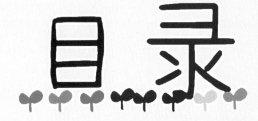

# 目录

# 安全最重要

　　亲爱的小朋友们,你们现在已经成为小学生了,呈现在你们面前的世界是那么广阔,你们做好探索世界的准备了吗?

　　就像有白天也有黑夜一样,这个世界有美好的一面,也有危险的一面。我们学会保护好自己,才能更加健康快乐地成长。

　　这本书里有一群可爱的同学,他们和你们一样,天真可爱,喜欢学习,喜欢探险,喜欢探索未知的世界。遇到不安全的事情,他们会想办法去解决。相信你们一定会喜欢上他们,也一定会学会很多安全知识。

　　当你学会了安全知识,可别忘了告诉同学、朋友、家人啊!因为,学会了保护自己的安全,你也就能成为他们的安全小卫士了!

　　亲爱的小朋友们,一定要平安健康、成长快乐哟! 长大后,希望你们去迎接更广阔的世界!

# 40 身上的"洞"别乱掏

千万别感染了！

婷婷喜欢用手掏耳朵。但这次她掏完后，耳朵出血了。

彭大夫建议婷婷去医院看看。

医院检查结果是：外耳道感染，需要输液治疗。

婷婷纳闷，为什么掏个耳朵还会感染呢？

## 安全小贴士

　　我们的身体上有很多"洞"，比如肚脐、耳朵、鼻孔，千万不能去抠、挖，这是为什么呢？

1. 因为这些"洞"里的皮肤很脆弱，一旦抠破，病菌会进入身体内部。
2. "洞"里的"脏东西"能起到保护我们的作用，而且"脏东西"多了能自己脱落，不需要抠。
3. 千万不要把东西塞到鼻孔、耳朵里，这样做可能会有危险。

# 41 晕车怎么办?

同学们坐着大巴车去旅游,但婷婷并不高兴。

卉卉拿出了晕车药。

齐齐让出了前排靠窗的座位。

在同学们的照顾下,婷婷觉得没那么难受了。

周老师和彭大夫表扬了同学们,说他们既懂急救,又有爱心。

## 安全小贴士

　　同学之间就应该互相帮助。下面我们一起学习一些防晕车的小妙招吧。

1.旅行前要保证睡眠充足。

2.乘车前服用晕车药，尽量坐在前座通风的地方。

3.乘车时不要饿着肚子或者吃得太饱。

# 42 中暑了

婷婷觉得自己胖,她又去操场跑步了。

太阳火辣辣的。

突然,婷婷倒在了跑道上。

卉卉把婷婷扶到卫生室,彭大夫让婷婷喝水。

我们的身体正在发育，略微发胖不要紧；即使要减肥，也要科学。那么，我们如何预防中暑呢？中暑后应该怎么办呢？

1.夏季炎热，要多休息，户外活动不要过量，应及时补充水分。

2.穿浅色透气的衣服，用遮阳伞、遮阳帽防晒。

3.一旦感觉头昏、心慌、浑身无力，马上到阴凉通风处休息。
如果中暑症状严重，立刻去医院诊治。

# 43 被狗咬了

上学路上，齐齐看到一只流浪狗，于是捡起一块石头朝它挥舞。

小狗害怕被欺负，露着尖牙扑了过来……

齐齐被它咬伤了。彭大夫赶紧用肥皂水冲洗齐齐的伤口。

齐齐被送到医院治疗。

如果齐齐不去欺负小狗，就不会被咬伤。我们不要随便靠近流浪猫狗，一旦被猫狗咬伤、抓伤，要这样处理：

1.马上用肥皂水或自来水冲洗15—20分钟。

2.如果身上的伤口被狗、猫舔过，也要马上冲洗。

3.如果伤口不大，不要包扎，立即去医院处理，咨询医生是否需要接种狂犬疫苗。

# 44 当心蜱虫

同学们去郊游，东东美滋滋地躺在草地上。

突然，他觉得手臂有点儿疼。低头一看，呀，有个小虫子在咬他！

东东想用手把虫子打掉，但他有点害怕，赶忙去找彭大夫。

彭大夫用镊子小心地把虫子取下来。

被蜱虫咬了很麻烦，处理不当还可能引发病毒感染。我们一起来看看要怎么对付这种小虫子吧。

1.进入草地、树林要穿长裤，避免长时间坐卧。

2.如果被蜱虫咬住，不要直接用手抓或捏。可用镊子夹住蜱虫头部将它拔出，然后给皮肤消毒。

3.如果蜱虫的嘴还留在皮肤里，要请医生帮忙清除。

4.如果叮咬后发烧或伤口持续疼痛，可能是病毒感染，必须马上去医院诊治。

# 45 致命的蜜蜂

哎呀，好疼！

全是红点点！

身上为什么这么痒？

校园里的花开得真美，东东忍不住伸手去摸，结果被蜜蜂蛰了一下。

一开始，东东只是手有点儿肿，后来开始浑身发痒。

这是严重过敏，赶紧去医院！

彭大夫马上送他去最近的医院。在路上，东东开始呼吸困难。

多亏了及时送医抢救，他才脱离了生命危险。

## 安全小贴士

　　所有种类的蜂的刺都有毒，有的人被蜇后会过敏，严重的会有生命危险。所以，千万别招惹蜜蜂。那万一被蜂蜇了又该怎么办呢？

1. 立即用针挑出毒刺，但不要拔刺，否则，刺中残留的毒液可能再次注入人体。

2. 用肥皂水反复冲洗。

3. 如果身上开始出现皮疹，感觉恶心、心慌，立刻就近就医。

# 46 花朵也有"小脾气"

周老师发现齐齐的脸特别红,就问他怎么了。

齐齐也不明白自己怎么了。

妈妈带齐齐去医院做检查,原来他对花粉过敏。

周老师提醒大家,不要与花朵太过亲近。

# 安全小游戏

花朵虽然美丽，但也有自己的"小脾气"。只有了解花朵，才能更好地跟它们交朋友。下面这些小朋友做得对不对？请说明理由。

1.我对花粉过敏，一定要戴着口罩出门。

2.我来给仙人球拔拔刺。

3.我不小心触摸了夹竹桃的汁液，很痒，我得去医务室检查一下。

齐齐觉得卉卉很可爱,就总去亲她。

卉卉不喜欢这样。

卉卉生气了,不再跟齐齐玩了。

周老师说,要学会尊重小朋友。

# 安全小游戏

只有懂得尊重别人，别人才会尊重我们。遇到下面的事，你会怎么做？请在正确的选项下面打"√"。

（想跟小朋友一起玩）
A.有礼貌地跟他交朋友。
B.拉住他不放，非要他同意跟自己玩。

（想借别人的东西）
A.问问她能不能借给自己。
B.悄悄地翻她的书包，自己拿走。

周老师问大家，身体的哪些部位不能让别人看和摸？

大家说了好多答案。

周老师告诉大家，是背心、短裤覆盖的地方，这些地方叫"隐私部位"。

徐校长走进来说："我们也不能随便看和摸别人的隐私部位。"

隐私部位就是背心和短裤覆盖的部位，要好好爱护，别人不能随便看和摸，只有在必要的情况下才可以。这种情况有：

1. 小宝宝还没法自己换衣服、洗澡，需要爸爸妈妈帮助他。
2. 生病时，有时候医生要检查隐私部位。但请记住，检查隐私部位的时候，必须有家人始终陪伴。

同学们一定要记住，如果不是在这类必要的情况下，有人想看和摸我们的隐私部位，就是想侵害我们，我们一定要坚决地说"不"！

# 49 奇怪的图片

婷婷最近迷上了网上聊天,上微机课时,她登录了聊天室。

聊天时,婷婷收到网友的一张图片,图片上有个没穿衣服的人。

婷婷吓了一跳,赶快告诉了老师。

老师马上报了警。

## 安全小贴士

　　婷婷在网上遇到的人，让她看暴露隐私部位的图片或视频，这也是侵害。那么，我们应该怎么防范呢？

1. 减少上网时间或者不上网。不跟陌生人聊天，不进陌生的群。

2. 如果看到有人发送暴露隐私部位的图片和视频，请家长帮忙报警。

3. 如果有人让你拍摄暴露隐私部位的照片和视频，一定要拒绝并报警。

4. 如果有人暴露自己的隐私部位让你看和摸，马上拒绝并离开，然后报警。

# 50 讨厌的店老板

婷婷到校外的文具店买文具。

店老板一直站在她身边，还老是挤她。

店老板还来拉婷婷的手。

婷婷很生气，她一边使劲甩开老板的手，一边大声喊起来。

老板吓了一跳，放开了婷婷。婷婷赶快离开了文具店。

## 安全小贴士

　　这个店老板是坏人，他触碰的虽然不是婷婷的隐私部位，但如果婷婷不果断拒绝，他可能就会变本加厉了。婷婷是个非常勇敢的姑娘，我们要向她学习。如何预防这种侵害呢？让我们大声读出下面的办法：

1. 不单独外出，要始终跟大人或者同伴在一起。
2. 遇到有人故意挤我们，马上远离他。
3. 如果有人在不必要的情况下，故意触摸我们的身体，我们应大声喊："不要碰我！"然后马上离开。
4. 可以向周围的人请求帮助，比如："阿姨，快帮我报警！"

# 51 人群中不逆行

做完早操,同学们一起冲向楼梯。

好不容易挤上了一层楼梯,婷婷突然想起自己把一本书落在操场了。

她转身要下楼,但是其他同学都在往上走,差点儿把她推倒。

多亏东东一把拉住了她,婷婷赶紧转过身,顺着人群一起往上走。

## 安全小贴士

　　婷婷在拥挤的人群中逆行，如果摔倒，可能会被踩伤，造成踩踏事故。我们在人群中要怎么做呢？

1. 如果发现前方有拥挤人群，要马上躲到一边，不慌不跑，别摔倒。

2. 如果已经被卷入人群，必须顺着人流走，不能逆流前进。否则，很容易被推倒。

3. 被卷入拥挤的人群时，一定要站稳，就算是鞋子被踩掉，也不要弯腰捡。

# 52 生命空间撑起来

同学们在博物馆里参观。

快来看啊，这里有会动的《清明上河图》！

在通过一个狭长的走廊时，突然有个同学大声喊……

大家一拥而上。

卉卉被挤得快喘不上气了。

呼~~

她把胳膊撑在胸口前，才觉得又能顺畅呼吸了。

## 安全小贴土

　　卉卉使用的方法叫"撑起生命空间"，我们也可以做到。马上来学一学这个救命方法吧！

1. 在被挤得喘不上气时，马上用一只手握住另一只手的手腕，撑在胸口前。

2. 如果不小心摔倒，在来不及爬起来、别人就会踩上来的情况下，我们要马上把双手手指交叉，放在后脑勺，胳膊肘夹住耳朵前面的太阳穴；双腿弯曲，保护肚子，侧躺在地上。

# 53 人体麦克法

周老师听卉卉讲述了自己被挤的危险经历。

周老师教给大家一种"人体麦克法"。

当人特别多、特别挤时，几个人一起大喊"后退"。

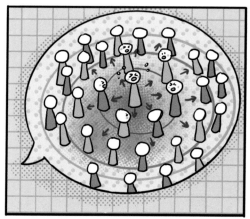

四周的人听到，也加入进来，一起大喊"后退"。

这样最外圈的人，就会知道里面发生了踩踏，才会马上离开。

## 安全小贴士

　　周老师教的"人体麦克法"，是一种非常重要的自救方法。组织大家一起喊口号，像麦克风一样向外传递信息，提醒周围的人疏散开来。建议同学们平常练习一下这种方法。当然，最好的方法还是预防踩踏。我们平时还可以这么做：

进入楼梯靠右走，抓住扶手或墙壁。

不推不挤不追逐，不跑不跳不打闹。

人挤不要系鞋带，人挤不要把鞋提。

人多不做恶作剧，防止慌乱扰秩序。

拥挤两脚分开立，防止被人推倒地。

有人倒地不围观，相互提醒不乱喊。

# 54 乘坐电梯有规矩

同学们要去三楼上课，大家都走楼梯，只有齐齐偷偷溜进了电梯。

一想到只有自己不用爬楼梯，齐齐就开心地在电梯里蹦蹦跳跳。

突然，去三楼的电梯在二楼停了下来，但门怎么也打不开。

齐齐吓坏了，他按了报警键，才被救了出来。

# 安全小游戏

齐齐不听指挥，还在电梯里乱跳，才导致了这次事故。万一不能及时采取措施，后果不堪设想。乘坐电梯要规范，下列图片中的小朋友，谁的做法是正确的？

等直梯时，小强提醒妈妈注意看电梯。

小亮把直梯的按钮从第一层按到最高层。

乘扶梯时，妈妈牵着孩子的手一起上。

# 55 衣服着火快打滚

课间休息时，齐齐悄悄地拿出了一个打火机，点纸条玩。

纸条烧得很快，吓得齐齐赶快松了手，带火的纸条落到了他的衣服上。

衣服被点着了，齐齐吓得拼命跑，但火却越烧越大。

打滚！

周老师赶来了，她让齐齐在地上打滚，火终于灭了……

## 安全小贴士

　　小朋友，玩火烧身的事我们绝不能做。那么，如果火烧到身上，应该怎么办呢？

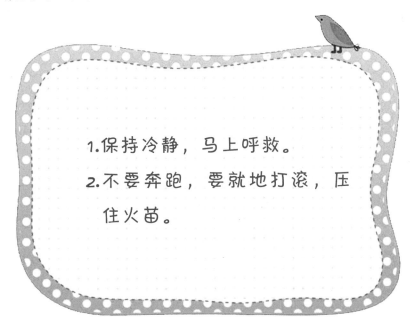

1.保持冷静，马上呼救。

2.不要奔跑，要就地打滚，压住火苗。

# 56 起火的公交车！

东东和齐齐放学后，一起坐公交车回家。

哪儿来的烟味儿？

突然，他们闻到车上有一股呛人的烟味。

后车厢着火了！

乘客们赶紧四处查看，发现车厢后面起火了。

司机马上靠边停车，让大家排队下车，然后用灭火器灭了火。

## 安全小贴士

东东和齐齐非常警惕，他们闻到了可疑的气味，马上提醒大人，为大家逃生争取了宝贵时间。如果遇到汽车着火，你知道该怎么做吗？

1. 提醒司机打开车门逃生。

2. 听从指挥，不要拥挤，按顺序下车。

3. 如果车门打不开，可以用救生锤敲碎车窗逃生。正确方法是：先敲车窗四角，再敲中间。

# 57 疏散逃生演习

"119消防宣传日"到了。

学校组织同学们进行逃生演习。

听到校长发出指令，同学们马上站起来。

大家迅速排好队，分别从前门和后门离开。

每个人都弯腰、低头，用一块湿毛巾捂住口鼻向前走。

# 安全小游戏

疏散逃生演习不但能帮大家逃离火灾，也能帮大家逃离地震等突发灾难，所以一定要认真去演习。下面同学的做法对不对？请说明理由。

1.小鹏演习时不排队，不听指挥。

2.小宇和小海在演习的时候打闹、说笑。

3.值日生在教学楼楼道、楼梯等地方堆放扫帚、拖把等杂物。

# 58 脚扭伤了

同学们排着队在操场上做广播体操。

好疼呀！

突然，婷婷的左脚扭了一下。

听到婷婷的喊声，齐齐马上跟东东一起把婷婷扶到了人少的地方。

卫生室

因为婷婷的左脚踝肿得厉害，齐齐和东东赶紧搀扶着她去了卫生室。

## 安全小贴士

　　婷婷是在队列中扭伤脚的，齐齐和东东先把她扶到人少的地方，再检查伤情，这是为什么呢？大家一定都猜到了，这是为了避免发生踩踏，看来大家积累了丰富的安全知识啊。当脚扭伤时，该怎么办呢？

1.尽量停在原地或就近休息。

2.在扭伤的一两天内可经常冰敷，方法是使用毛巾包住冰块放在肿胀的部位，每次10分钟。

3.受伤部位消肿后，可以改为热敷。

# 59 牙齿摔断,还能"救活"

东东下台阶时,摔了一跤。

他爬起来,吐出了半颗门牙。

彭大夫听说了这件事,赶快让东东把牙齿捡回来。

医院的大夫果然帮东东安好了牙齿,东东又露出了灿烂的笑容。

## 安全小贴士

如果牙齿摔断了，千万不能扔掉它啊，因为它还有可能被"救活"。捡起断牙后的注意事项有：

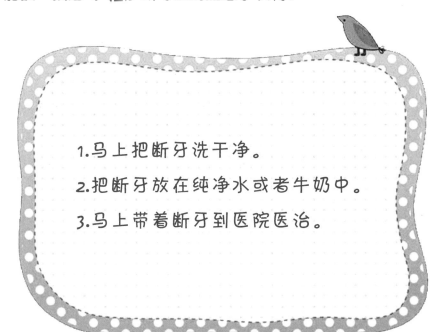

1.马上把断牙洗干净。

2.把断牙放在纯净水或者牛奶中。

3.马上带着断牙到医院医治。

# 60 流鼻血了

秋风又起，每到此时，总有些小朋友会流鼻血。

这天周老师正在讲课，齐齐又流鼻血了。

网上说这样能止血……

周老师让他去洗洗脸。齐齐仰着头，举起一只胳膊就往外冲。

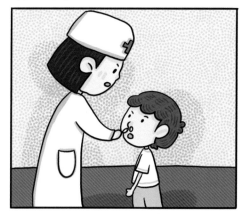

彭大夫告诉齐齐，他的方法并不能止血。

## 安全小贴士

　　流鼻血大多是天气干燥、小朋友抠鼻孔等原因造成的。错误的方法不但不能止血，可能还会造成更多麻烦。止鼻血要这样做：

1. 低头，身体前倾，捏住鼻侧，一直到止血为止。
2. 可以用冷水打湿毛巾，放在鼻子上面。
3. 如果以上办法不管用，要去医院诊治。
4. 平日经常流鼻血，也要去医院诊治。

# 61 小手划破了

在美术课上做手工时，婷婷不小心划破了手指。

血流得不快，但一直在流。怎么止血呢？卉卉拿了张纸巾递给婷婷。

婷婷将纸巾按在伤口处，在卉卉的陪伴下去了卫生室。

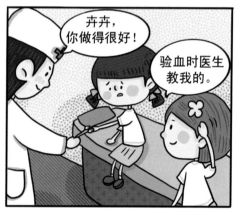

彭大夫一边帮婷婷消毒，一边夸赞卉卉做得好。

## 安全小贴士

当我们受伤流血时，要马上想办法止血。卉卉的方法叫"按压止血法"，我们现在就来学一学：

1. 流了血，别慌张，找干净的布或纸巾按压在伤口上。

2. 用力压，一直压，直到不再出血。

3. 如果伤口很严重，在按压止血的同时，可以用纱布包扎伤口。根据受伤情况，马上去医院或拨打"120"急救电话等待救援。

# 62 包扎止血法

齐齐因为一点小事儿与东东打架了。齐齐不小心划伤了东东的腿,血不停地涌了出来。

婷婷拿着纸巾用力按住了东东的伤口。

但大家想马上送东东去卫生室,婷婷就用红领巾把东东的伤口使劲缠住。

这样,东东在走路时血也不怎么往外流了。

## 安全小贴士

当我们不方便用"按压止血法"止血时，还可以用"包扎止血法"：

1. 把干净的布料或纸巾放在伤口上。
2. 用更大的布料，盖在第一块上，一圈圈地用力包住伤口。
3. 布料打结的时候，不要打在伤口上方。
4. 马上去医院或拨打"120"急救电话等待救援。

# 63 笔扎到眼睛上了

课间，齐齐追着同学打闹。

他跑得太快了，一下子扑到了东东的课桌上。

此时，东东正把一支铅笔的笔尖朝上，立起来玩。

这下可糟了，铅笔尖扎到齐齐的眼睛上了！

安全小游戏

万幸的是，铅笔只是扎在了齐齐的眼皮上，没有造成严重伤害，他的视力也基本未受影响。从此，同学们再也不敢在教室中追逐打闹了。下列同学的行为，可能造成什么后果？请你说一说。

1.小雪手里抓着铅笔奔跑。

2.小龙一边走路，一边拿着小刀玩。

3.小帅把弹弓、飞镖带到学校，瞄准同学，吓唬他们。

4.小文站在课桌前，手中拿着铅笔伸懒腰。

# 64 伤人的风筝线

婷婷在操场上放风筝。

风筝挂在了灌木丛上。

东东去找风筝,突然觉得脸上被什么东西割了一下。

东东顺着伤口,摸到了一根线。线细细的,不仔细看根本看不到。

你的脸划伤了!

齐齐发现,东东脸上有一道长长的血痕。

## 安全小贴士

风筝线也会伤人！细细的风筝线被风拉直，比刀子还锋利。怎样避免风筝线伤人的危险呢？

1. 在空旷的地方放风筝，避开建筑物、树木和高压线。

2. 使用轮滑式线圈，戴着手套放，避免手指被割伤。

3. 收线动作尽量放慢。如果风筝线断了，要及时清理断线，以免误伤他人。

4. 儿童放风筝，要在家长的看护下进行。

# 65 被开水烫了

婷婷去开水房接水,她打算先接一半开水,再接凉开水。

但是在她走神的时候,开水已经流出了杯口。

卉卉赶紧拉着婷婷去卫生室,彭大夫马上带婷婷去洗手台冲手。

婷婷手上的疼痛渐渐减轻了。

# 安全小贴士

多亏了卉卉和彭大夫及时帮忙，不然婷婷手上可能就会留下伤疤了。烫伤、烧伤后，马上采取急救办法，能避免更大的伤害。我们一起来学一学吧！

1. 冲：用15—20℃的自来水冲洗或浸泡烫伤的地方，至少冲洗15分钟。

2. 脱：脱掉被开水浸湿的衣服，但如果内衣已经跟皮肤粘在一起了，就不要再脱了。

3. 盖：如果烫伤很严重，在冲水和脱外套后，要用洁净的布盖住伤口，马上送医院。

4. 禁：禁止抹牙膏、酱油等，因为这些物质会影响散热，加重烫伤程度。

# 66 鱼刺扎到喉咙怎么办？

看到餐桌上有鱼，东东非常高兴。

他狼吞虎咽地吃了起来。

突然，他觉得嗓子眼被鱼刺卡住了。

东东赶快告诉身边的同学。

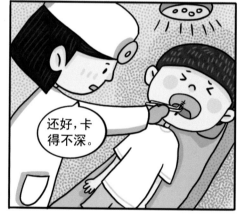

彭大夫帮东东取出了鱼刺。

# 安全小贴士

　　鱼虽好吃，但一定要注意刺。鱼刺卡喉后，正确的做法是什么呢？

1. 先想一想鱼刺有多大。让别人用手电筒照照，如果能看见鱼刺，可以用镊子取出来。

2. 如果能看见，并且是小刺，就暂时不用理会。再吃饭的时候，尽量吃软的、稀的，两三天后，鱼刺就脱落了。

3. 如果看不见，并且是大刺，要马上去医院。

4. 千万不要吞馒头、米饭或者喝醋，因为这样做不但没有效果，还可能加重痛苦。

# 67 吃东西时别说笑

课间休息时，卉卉拿出两个果冻。

齐齐看到了，抢了一个。

别那么小气！

他边跑边笑着往嘴里塞。

你怎么了？

我……卡住了……

突然，齐齐大声咳嗽起来，满脸通红。

咳……可憋坏我了！

终于，齐齐咳出了那块果冻，一屁股坐在了地上。

## 安全小贴士

　　想一想，齐齐为什么会被果冻卡住？吃东西时，我们要注意什么？

1.吃东西要慢慢嚼，不能着急吞咽。

2.吃东西时要安静，不说笑，更不能跑跳。

3.如果别人被食物卡住，但还能呼吸、说话，就让他自己努力咳出。

# 68 笔帽堵住气管了

婷婷总喜欢把笔帽含在嘴里玩。

下课了,卉卉跑来找婷婷,她猛地拍了婷婷后背一下。

笔帽从婷婷嘴里滑落到了气管,她马上喘不上气、说不出话了。

彭大夫来了,马上从背后搂住婷婷的肚子一次次地顶,笔帽终于出来了。

## 安全小贴士

　　婷婷的气管被笔帽堵住了，几分钟内就可能有生命危险。彭大夫救治婷婷的方法叫"腹部冲击法"，小朋友也能学会。下面我们就一起学习吧！

1. 如果发现有人双手卡住自己的脖子，不能说话，也不能用力咳嗽，马上问问他是不是有东西卡住喉咙了。如果对方点头，马上从后面抱住对方的腰。

2. 一手握拳，放在对方肚脐和胸口之间；另一手按在拳头之上。

3. 双手用力向里、向上顶，反复几次，直到对方吐出异物。

4. 顶的时候提醒对方，如果有东西被顶了出来，马上吐掉。

# 69 很"凶"的救生员

卉卉和婷婷在学校游泳馆训练，岸上突然响起刺耳的哨声。

原来是救生员叔叔在制止两个男孩在池边打闹。

卉卉抱怨安全员太凶了，婷婷却有不同的想法。

婷婷认为，如果安全员不吹哨，孩子们就不会停止打闹，那多危险啊！

# 安全小游戏

救生员叔叔虽然看上去凶巴巴的，却是为了保护大家的生命安全，所以我们一定要听从救生员的指挥。下列图片中的同学应该怎么做？我们来帮他们选一选吧！

1. 小华在踢球，看到河边有"禁止游泳"的警示牌，他决定：_____
2. 小明在游泳馆里游泳，感觉有点儿累，他决定：_____
3. 这条游船上的人太多了，苗苗决定：_____

A.继续在河边踢球。　A.上岸休息一下。　A.人多也要上船。
B.远离河边。　　　　B.继续坚持。　　　B.等待下一艘船。

# 70 游泳抽筋别慌张

东东正在游泳，突然感觉小腿肚疼了起来。

东东慌张中呛了一口水，但是马上告诉自己要冷静。

东东朝距离自己最近的浮漂游去。他抓住浮漂后，大声呼喊身边的同学。

在同学的帮助下，东东缓慢地上了岸。

## 安全小贴士

　　东东能冷静地处理突发状况，真的很棒！游泳的时候遇到抽筋，我们应该怎么办呢？

1. 腿抽筋时，要确保在安全的区域，用力踢腿并按摩抽筋的部位。
2. 脚趾抽筋时，要确保在安全的区域，用力将足趾拉开、扳直。
3. 手指抽筋时，要确保在安全的区域，把手握成拳头，再用力张开。

# 71 暴雨来了要小心

雨下了好多天了。今天中午又下了一场暴雨,学校低洼的地方已经严重积水。

同学们刚吃过午饭,周老师就来下通知了。

周老师告诉大家,为了避免水灾,已经告知家长提前来接大家放学。

同学们非常开心,但他们还是安静地排好队,等待家长的到来。

# 安全小游戏

连续降雨的地方，可能会出现洪水、泥石流等自然灾害。遇到下面的情况，我们应该怎么选择呢？请说明理由。

1. 多日下雨，我们应该：————

   A.关注洪水预警。

   B.欢呼："下雨多好，不用上体育课了！"

2. 房屋被淹，我们应该：————

   A.向屋顶、大树转移，呼救。

   B.跳到水里游走。

3. 地上都是水，前面有个电线杆，我们应该：————

   A.继续向前走。

   B.远离电线杆，绕着走。

婷婷是个喜欢观察的孩子。今天，她又有了新发现。

卉卉抬头一看，学校楼顶上立着一根长长的棍子。

周老师正好路过，告诉她们这是避雷针，能保护大楼，避免被雷击。

婷婷和卉卉决定放学早点儿回家，看看自己家的楼顶有没有安装避雷针。

##

　　建筑物要按照规定安装避雷针，这样才能保护楼里的人。雷雨天的时候，我们在户外要注意什么呢？

1. 远离建筑物顶部，远离水边，不要在树下避雨。

2. 雷雨中最好不要奔跑，不要光脚走路，不能撑带金属头的雨伞。

3. 迅速躲入有防雷设施保护的建筑物内，关好门窗。

# 73 伏地、遮挡、手抓牢

地震局的工作人员来给同学们上课，他问了大家一个问题。

同学们给出的答案可多啦！

叔叔教给大家地震求生的方法。

叔叔提醒大家，不但要记住求生方法，更要经常练习。

## 安全小贴士

"伏地，遮挡，手抓牢"是什么意思？我们一起看看下面的解释吧。

1. 伏地。马上蹲在地上，为了逃跑方便，不要趴着或躺着。

2. 遮挡。用书包、帽子等挡住头，钻到结实的桌子下。

3. 手抓牢。牢牢抓紧桌子脚，防止在地震中摔倒。

同学们观看了一部电影，讲的是几个小朋友因为地震，被埋在了学校的废墟里。

废墟里又黑又冷，大家又饿又渴，但是他们坚信能被救出去。

大家相互鼓励，终于坚持到最后，被救了出来。

观影结束，同学们都流下了眼泪，懂得了"希望"和"坚持"。

## 安全小贴士

　　同学们从电影里学到了多么宝贵的精神啊！他们还学到了重要的地震生存本领。我们也要一起学一学。

1. 如果被埋在废墟里，要保持冷静，保存体力。

2. 不要随便触动那些支撑物，如石头、木块，防止废墟倒塌。

3. 如果有刺鼻的气味、烟尘，要想办法用布捂住口鼻。

4. 听到外面有声音再求救。有节奏地敲击金属等，要比喊叫更有效果。

# 75 可怕的"卡通纸片"

一到学校，卉卉就悄悄地告诉婷婷，有人给了她一种能吃的"卡通纸片"。

据说只要把这种纸片含到嘴里，就会忘记一切烦恼。

卡通纸片闻起来没什么味道，卉卉准备含到嘴里试一试。

婷婷听说纸片是陌生人给卉卉的，就拦住了她。

## 安全小贴士

　　这种"卡通纸片"千万不能吃，因为它很有可能是可怕的毒品，吃了会有生命危险。很多毒品会被包装成可爱的样子，我们一定要提高警惕。一起看看下面的建议吧！

1. 尽量不去歌舞厅、酒吧、KTV等地方。

2. 不要随便触摸奇怪的"卡通纸片"等。

3. 不食用来路不明的奶茶、糖果、饮料等。

# 76 国家安全我有责

去野外进行拓展活动时，同学们在山上的一个路口发现了一个牌子。

牌子上写道："军事重地，禁止通行。"

大家虽然走向另一条路，但是都想去看看那个神秘的军事重地。

周老师猜出了他们的小心思。她告诉大家，遵守国家规定，也是一种爱国之举。

# 安全小游戏

去野外时，我们不要进入，也不要拍摄军事基地等地方，这是为了保卫国家安全。发现危害国家安全的行为，我们可以拨打国家安全机关举报受理电话"12339"。遇到下面的情况，我们应该怎么做？在正确的选项下面打"√"。

1.看见有人在军事禁区操作无人机。

　A.礼貌劝离。　B.开心地看着他玩。

2.看见网络上有人散布暴力图片。

　A. 我也看看。B.拨打网络安全举报电话。

3.国外的朋友给爸爸打电话，请他找中国航母的图片。

　A.提醒爸爸注意国家安全。　B.跟我没关系。

# 77 安全擦玻璃

又到了大扫除时间，齐齐的任务是擦窗户。

里面的玻璃擦干净了，但外窗的玻璃还很脏。

齐齐想踩上窗沿，把胳膊伸出窗外继续擦。

太危险了！用这个宝贝吧！

卉卉拦住了齐齐，把自己的擦玻璃器借给了齐齐。

# 安全小贴士

擦玻璃有时需要登高，千万要注意安全呀！

1. 不要站在窗台上。要踩稳固的椅凳，上下椅凳时请同学扶稳自己。
2. 不要穿拖鞋、皮鞋等，注意防滑。移动时，先观察脚下。
3. 绝不能探出身子擦外窗！
4. 推荐使用擦玻璃器，但要避免擦玻璃器坠落伤人。

# 78 实验课要当心

今天的实验课需要加热一种化学试剂。

老师让婷婷打开了排风扇，保持空气清新。

齐齐觉得排风扇声音太响，就把它悄悄关上了。

过了一会儿，同学们感觉嗓子有点痒，都咳嗽起来。

## 安全小游戏

齐齐这种行为给大家带来了安全隐患，受到了严厉的批评。大家上实验课时，要特别注意安全。下面哪种做法是正确的？在正确的选项下面打"√"。

1. 老师要求戴手套做这个实验。

　A. 戴上太难受了，我悄悄脱掉吧。

　B. 应该戴手套，这样起保护作用。

2. 老师要求实验要先放水，再放甘油。

　A. 严格按照顺序操作。

　B. 我忘了应该先放什么了，那就随便放吧。

3. 按照规定，实验结束后要清洗器材。

　A. 真烦人，我不洗应该也没人发现。

　B. 应该洗干净，这样下一个同学才能做好实验。

4. 未经允许不能带走实验用品。

　A. 我让爸爸买一份试剂，跟家人再做一次。

　B. 我悄悄拿一点试剂，回家再做一次。

# 79 教学电器不能碰

课间，老师打开了教室的电脑，准备上课用。

老师刚一走，东东和齐齐就玩起了电脑里的游戏。

他们为了多玩儿一局游戏，争抢起了鼠标。

突然，"啪"的一声，鼠标线断了。

## 安全小贴士

东东和齐齐弄坏了公物，影响了老师上课，不但受到了批评，还得赔偿维修费用。更糟糕的是，乱动教学电器还可能给自己带来危险。那我们该怎么做呢？

1. 学习用电常识，知道教室电源总开关的位置。

2. 不把手或笔等东西插到插座孔里玩。

3. 喝水时要远离插座，以免洒到插孔里，造成电器短路、着火。

4. 擦拭电器应事先切断电源，并用干布擦拭。

# 80 讨厌的雾霾

东东去上学,发现天空灰蒙蒙的。

东东觉得嗓子痒,胸口闷。

很多同学都戴上了防霾口罩。

因为雾霾,今天的体育课取消了。

## 安全小贴士

雾霾实在讨厌，那么，我们怎么防范雾霾呢？

1. 减少户外运动，佩戴专业防霾口罩。
2. 勤洗手，多休息，科学饮食。
3. 外出多穿色彩鲜艳的衣服，注意交通安全。